AF573492

COMITÉ DE DÉFENSE

DES

ENFANTS TRADUITS EN JUSTICE

RAPPORT

SUR LA MENDICITÉ

des Mineurs de 16 ans

PAR

Me BRUNET

Avocat.

MARSEILLE

IMPRIMERIE ET LITHOGRAPHIE DU JOURNAL DE MARSEILLE

6, rue Sainte, 6

—

1894

BUREAU DU COMITÉ

DE MARSEILLE

PRÉSIDENTS D'HONNEUR :

MM. MICHEL-JAFFARD, ✵, premier président de la Cour d'appel.

De ROSSI, ✵, président du Tribunal civil.

PELLEFIGUE, ✵, procureur de la République.

AMBARD, bâtonnier de l'ordre des Avocats.

PRÉSIDENT :

M. CONTE, juge au Tribunal civil.

VICE-PRÉSIDENTS :

MM. GUIBERT, ✵, avocat, conseiller général des Bouches-du-Rhône, président de la Commission administrative des Hospices civils de Marseille.

DELEUIL, juge d'instruction, conseiller général des Bouches-du-Rhône.

SECRÉTAIRE-GÉNÉRAL :

M. VIDAL-NAQUET, Ⓘ, avocat.

TRÉSORIER :

M. LAUGIER, avoué.

CONSEILLERS :

MM. BONNARD, Ⓘ, directeur de la 32e Circonscription pénitentiaire.

CORTICCHIATO, avocat.

MAZADE, Ⓘ, ✵, O. ✵, docteur en médecine, inspecteur départemental de l'Assistance publique.

PARROCEL, Ⓘ, substitut du Procureur de la République.

PLATY-STAMATY, avocat.

ROUX, substitut du Procureur de la République.

SECRÉTAIRES :

MM. Paul BERGASSE, avocat.

Wulfran JAUFFRET, avocat.

COMITÉ DE DÉFENSE

DES

ENFANTS TRADUITS EN JUSTICE

RAPPORT

SUR LA MENDICITÉ

des Mineurs de 16 ans

PAR

Mᵉ BRUNET

Avocat

MARSEILLE

IMPRIMERIE ET LITHOGRAPHIE DU JOURNAL DE MARSEILLE

6, rue Sainte, 6

1894

COMITÉ DE DÉFENSE

DES ENFANTS TRADUITS EN JUSTICE

RAPPORT

SUR LA

MENDICITÉ DES MINEURS DE 16 ANS

Présenté par Mᵉ BRUNET, avocat

À la séance du 11 juin 1894, au Palais-de-Justice, à Marseille.

Présidence de M. CONTE, Président du Comité

MESSIEURS,

Parmi les questions concernant l'enfance abandonnée ou coupable, il en est peu d'aussi intéressantes, d'aussi dignes de fixer l'attention du législateur, du jurisconsulte et surtout dans la pratique du magistrat, que celle de la mendicité chez les mineurs de seize ans.

Il convient de réprimer, mieux encore de prévenir un délit tout spécial, qui chez l'enfant est à redouter particulièrement à raison des trois facteurs principaux qui l'engendrent ou le favorisent : l'hérédité, le penchant naturel, l'éducation.

L'hérédité d'abord, qui d'après M. le Pasteur Robin (1) entre pour une large part dans l'existence du paupérisme.

(1) *Revue pénitentiaire*, année 1885, p. 408.

« Les paresseux, les dégradés, dit M. Robin, sont exposés à devenir la proie du paupérisme dès que l'âge ou la maladie arrive. Les enfants marchent dans la même voie que les parents qui les élèvent à leur image ; ainsi se font les familles de mendiants. »

Le penchant naturel ensuite, car l'enfant est enclin à solliciter, n'ayant rien et attendant tout d'autrui, vu sa faiblesse et son impuissance. C'est instinctivement qu'il tend la main, aussi bien s'il est fils de riche pour un jouet ou un gâteau, que s'il est fils de pauvre, pour une menue obole.

Cette propension périlleuse constituera un véritable danger si elle n'est pas corrigée par l'éducation et fera rapidement du petit mendiant un professionnel de la mendicité.

Combien plus grave est ce danger, si des parents, des maîtres, trop souvent des meneurs, encouragent les tendances de l'enfant, par leurs conseils, leurs exemples, leurs instigations et, chose plus triste à dire, abusant de la force recourent aux mauvais traitements et aux coups.

L'éducation qui devait réformer, déviée de son noble but, deviendra ainsi l'adjuvant le plus efficace pour achever une œuvre à laquelle le mineur de seize ans était prédisposé par l'atavisme et sa nature.

Le tableau de l'enfance qui mendie est lamentable et souvent même navrant, car il offre le spectacle d'une exploitation toujours hideuse, mais parfois criminelle.

Dès l'âge le plus tendre où l'être s'ignore encore, nous voyons les enfants aux mains des mendiants ; instruments de mendicité, ils servent de mise en scène et deviennent le décor voulu de la misère trop souvent simulée. Ils constituent ces familles hétérogènes, piaillant autour de la mère d'emprunt qui les étale sous les portes cochères, par le froid ou le chaud, sous la pluie ou le vent, le jour comme la nuit. Races malheureuses sacrifiées dès leur berceau par des parents sans vergogne qui les traînent par lucre ou les louent à des *meneuses* ; races infortunées vouées toujours à des maladies chroniques dues aux intempéries des saisons, quand un mal foudroyant ne vient les terrasser !

Le nombre de ces petites victimes de la mendicité est malheureusement grand.

M. le docteur Rochard, membre de l'Académie de médecine, estime qu'il constitue le plus fort contingent des 250.000 enfants qui, chaque année, meurent avant d'avoir atteint l'âge de cinq ans.

M. le docteur Decaisne grâce à une expérience directe, a constaté, par un soir de pluie et de neige, à Paris, que sur vingt-sept enfants de 6 à 13 mois, par lui rencontrés aux mains de mendiantes, dix-huit étaient atteints de pneumonie, de bronchite ou d'entéro-calite.

A côté de ces petits martyrs de la première enfance, il en est d'autres généralement un peu plus âgés, inspirant un égal intérêt et une compassion peut-être encore plus grande. Je veux parler des enfants déformés volontairement, estropiés sciemment, lépreux fabriqués dont les plaies de surface sont soigneusement entretenues, — culs-de-jatte en éducation, manchots d'occasion. Des êtres humains, trop souvent des parents spéculent sur leur santé, leur moralité, hélas, même leur vie, escomptant, grâce à l'étalage de leurs misères, ces aumônes que la compassion rend plus abondantes.

Il en est sans doute dans le nombre de naturellement difformes, et d'accidentellement infirmes.

Auxiliaires ou instruments de la mendicité d'autrui, s'ils ne sont point comme les premiers les victimes d'une odieuse traite et d'un infâme trafic, ils demeurent celles d'une honteuse spéculation.

Mais ce n'est là qu'un côté du tableau de l'enfance qui mendie. Si c'est le plus intéressant, le plus compatissant, ce n'est peut-être pas le plus triste.

Les enfants, en effet, ne sont pas seulement un accessoire des mendiants majeurs, les comparses minimes d'une troupe opérant en pleine rue, les auxiliaires des aveugles pour lesquels ils voient, des sourds pour lesquels ils entendent et surtout des muets pour lesquels ils parlent et harcèlent le passant ; ils sont aussi et surtout les instruments directs de la mendicité d'autrui.

On les *envoie* mendier.

Des chefs de troupe en font leurs émissaires ; ils comptent parmi les collecteurs de ce tribut d'aumône ravi aux vrais pauvres et qui, pour la seule ville de Paris, s'élève, au dire de M. Paulian, un publiciste de cœur qui a justement stigmatisé ces honteux trafics, à plus de dix millions par an (1).

M. Maxime Ducamp, dans quelques lignes émues nous trace le tableau de l'existence malheureuse de ces enfants (2).

« Concentrés à Paris dans certains quartiers..... les malheureux enfants sont renfermés dans des chambres contenant cinq, six ou sept lits. Ils sont couchés là tête bèche, à chaque extrémité des lits et quelquefois nus. Aux murs sont suspendues les harpes : sur le plancher gisent les hardes. Le soir, le chef de bande fait la recette des sous; il y en a un tas correspondant à chaque enfant, variant entre le minimum de 15 centimes et le maximum de 1 fr. 60 à 3 francs. Les économies des patrons ont été longtemps centralisées par une femme du quartier St-Victor qui faisait valoir les dépôts reçus s'élevant parfois à 60.000 fr., avec lesquels elle a réalisé des spéculations de Bourse heureuses et fait fortune... Ainsi, ce commerce a sa banque. Le matin, les enfants sont lâchés sur le pavé à l'effet d'aller demander à la charité publique nourriture et vêtements pour eux, argent pour le patron, battus s'ils n'en rapportent pas, arrêtés par la force publique s'ils en demandent. »

(1) Paulian, *Paris qui mendie*, 1893.

(2) *Paris, ses organes*, t. V, p. 5 [illegible] et suiv.

Nous tous les avons vus, ces pauvres petits êtres déguenillés, errant seuls par nos rues le soir parfois, et émus de pitié leur avons tendu de gros sous. Notre cœur a paru plus à l'aise après cette générosité ; et pourtant, avons-nous eu raison de payer la dîme d'un exploiteur au lieu d'acquitter le tribut de la véritable misère ?

Donner un sou dans la rue est une faute et même un grand tort. Si nous savions faire taire momentanément la voix du cœur devant celle de la raison, le nombre des jeunes mendiants diminuerait progressivement, puisque le métier irait se gâtant, suivant une expression familière aux professionnels.

Mais comment résister à la vue d'un enfant qui sous la bise d'un soir d'hiver, quand les passants attardés regagnent hâtivement leur gîte, pleure grelottant au coin d'une porte!... Même si le temps est beau, si l'atmosphère est tiède, on hésite rarement à donner une pièce de monnaie à un petit mendiant, ne fût-ce que pour échapper à ses sollicitations, à ses mélopées plaintives.

Ceux qui font des mineurs de seize ans les *agents* de leur mendicité, savent bien qu'ils obtiennent par leur entremise les plus fructueuses recettes, car là, où des professionnels majeurs seraient rudoyés, inaperçus ou évités, les enfants réussissent toujours, peut-être à cause de la grâce native de leur âge et de la faiblesse misérable de leur être, à éveiller la pitié, à exciter la commisération.

J'ai dit que les recettes des mendiants mineurs sont plus abondantes que celles des mendiants adultes. Permettez-moi, prenant un exemple entre mille, de vous citer un trait récent, local et absolument typique.

Durant une des dernières soirées de l'hiver qui vient de s'écouler, un petit mendiant de 12 ans, le nommé B... de R.., était arrêté rue Saint-Ferréol à 8 h. 1/2 du soir. On l'avait surpris tendant la main aux passants, et il avouait avoir sollicité leur charité durant une heure et demie.

Savez-vous ce qu'il avait recueilli de cette foule de gens pressés par l'heure. ou indifférents, allant toujours se clairsemant ? *Cinquante-quatre sous*. Vous entendez bien, cinquante-quatre sous. c'est-à-dire plus en une heure et demie d'oisiveté coupable qu'il n'en eût amassé durant une journée de labeur. et presque autant qu'un pauvre ouvrier chargé de famille n'en recueille dans une tâche incessante et pénible, en butte aux intempéries ou exposé aux ardeurs du soleil.

C'est un scandale, me direz-vous. Je le veux bien. mais à qui la faute. je vous le demande ? N'est-elle pas aussi bien celle du passant trop débonnaire. la vôtre peut-être, que celle de l'exploiteur qui l'envoya mendier, comptant trop sur votre pitié pour un enfant !

A côté du mineur opérant seul pour compte d'autrui. nous trouvons aussi le jeune mendiant agissant de son plein gré et volontairement.

Toutefois. sans être une rareté. il est relativement une exception dans le petit monde de la mendicité.

C'est le Robinson trompé par le mirage décevant de l'inconnu qui a fui le toit paternel « l'oiseau voyageur ayant battu de l'aile dans sa jeune tête (1) » ou le vagabond précoce obéissant à des instincts vicieux. ou encore la victime révoltée d'un parâtre. d'une marâtre. Parfois aussi c'est le pauvre petit abandonné. égaré volontairement par des siens indignes ou jeté sur le pavé en butte à la misère, tandis que ses parents subisssent une détention.

Le nombre de ces petits *malheureux* est encore assez considérable. Un rapport de M. Cabane. président de la Société de patronage du Gard. en évalue annuellement le nombre à près de cent mille. sans tenir compte des cent trente mille qui sont à la charge de l'Assistance publique !

La plupart sont des mendiants. mais le plus souvent peu inquiétants et peu dangereux. Leur mendicité est occa-

(1) Maxime Ducamp.

sionnelle, naissant du besoin impérieux de la faim. Rarement ils contractent l'habitude de mendier. Arrêtés ou recueillis, ils sont rendus à leurs parents ou confiés à des institutions de patronage.

C'est donc surtout aux autres, victimes, généralement exploitées dès leur bas-âge, auxiliaires de la mendicité ouverte ou déguisée sous l'apparence de métiers problématiques, mendiant seuls ou en réunion, pour leur compte ou celui d'autrui, que la loi doit étendre les bienfaits de sa protection. C'est de ceux-là principalement que doit s'occuper ce rapport, pour préconiser des mesures législatives nouvelles, de nouveaux moyens, ayant pour but de prévenir ou réprimer, suivant les cas, la mendicité de l'enfance.

Notre société actuelle entrant plus avant dans la voie dont la loi du 7 septembre 1874 marque la première étape sérieuse et vraiment efficace, a le devoir de parachever son œuvre dans un quadruple but d'humanité, de morale, de justice et de préservation sociale.

D'humanité, pour arracher l'enfance et l'adolescence à une exploitation barbare, parfois criminelle.

De morale, pour empêcher le nombre des oisifs et des vicieux de croître, par la répétition d'un délit qui peut tous les engendrer, puisque la paresse, première cause de la mendicité, est mère de tous les vices, et trop souvent hélas engendre la prostitution des filles mineures.

De justice, pour réprimer les abus de la force, les excès de la puissance paternelle ou les abandons coupables qui atteignent des êtres faibles, désarmés, incapables de se défendre.

De préservation sociale enfin, car parmi les vagabonds et les mendiants se recrute l'armée des voleurs et des criminels.

Empêcher ou réprimer la mendicité des mineurs de seize ans, c'est coopérer grandement à cette œuvre si noble de nos philanthropes modernes, le sauvetage de l'enfance.

Quel est actuellement l'état de notre législstion relative

ment au sujet qui nous occupe ? Quelles armes sont aux mains des magistrats pour réprimer la mendicité des mineurs de seize ans ?

Ces questions posées nous amènent naturellement à l'examen de la loi du 7 décembre 1874.

Avant d'en faire l'étude, il est bon toutefois de tracer un rapide aperçu des actes de l'autorité antérieurs à cette loi et concernant son objet.

Jusqu'en 1874, on avait jugé que la réglementation administrative suffisait en vertu de la loi du 24 avril 1790. Aussi, les ordonnances de police seules régissaient l'emploi des mineurs de seize ans par les saltimbanques, musiciens, bateleurs et montreurs d'animaux. L'engagement des enfants d'abord admis par les ordonnances des 3 avril 1828 et 14 décembre 1831 à de certaines conditions permettant d'en contrôler la licité et la moralité, fut ensuite prohibé par l'ordonnance du 4 décembre 1853, complétée par la circulaire ministérielle du 15 décembre suivant. C'était un premier pas vers la législation actuelle.

L'ordonnance du 28 février 1863, dernier monument administratif qui ait précédé la loi du 7 décembre 1874, alla plus loin : elle défendit de se faire suivre par des enfants de moins de seize ans, bien qu'ils fussent aveugles, culs-de-jatte, manchots, estropiés ou infirmes.

On sentait bien, en effet, que même les joueurs d'orgue de barbarie, les montreurs d'ours ou de singes, accompagnés d'enfants non valides, cherchaient à déguiser une mendicité coupable.

Ainsi la législation administrative, si l'on peut employer cette expression, avait enfin consacré une jurisprudence dont un jugement du Tribunal correctionnel de la Seine, en date du 22 juin 1837, paraît le plus important, sinon le premier document.

Ce jugement décide « que les animaux et instruments confiés à des enfants ne constituent pas l'exercice d'une profession et ne sont qu'un moyen de dissimuler la mendi cité qu'ils exercent » ; jugement plein de justesse dont M. Maxime Ducamp dit toutefois spirituellement, qu'il est rédigé avec plus de raison que de grammaire.

Cette réglementation administrative eût pu produire d'excellents résultats. malheureusement elle n'était ni homogène ni uniformément appliquée, et n'avait pour sanction que des peines de police trop souvent éludées. D'autre part. elle ne réprimait pas l'acte de mendicité commis par les mineurs de seize ans *avec leurs parents* : elle ne punissait pas chez les majeurs le *racolage* des enfants en vue d'apprentissages plus ou moins problématiques dissimulant la mendicité,et surtout elle n'empêchait pas *l'emploi* des mineurs de seize ans à la mendicité isolée mais habituelle. constituant une odieuse exploitation.

L'action du législateur s'imposait.

L'Assemblée nationale vota la loi du 7 décembre 1874. sur la protection des enfants employés dans les professions ambulantes ou livrés à la mendicité.

Les articles 2 et 3 de cette loi. les seuls que nous ayons à examiner comme se rattachant à la question dela mendicité des mineurs de seize ans. sont ainsi conçus :

Art. 2.— Les père et mère, tuteurs ou patrons qui auront livré soit gratuitement. soit à prix d'argent. leurs enfants. pupilles ou apprentis âgés de moins de seize ans aux individus exerçant les professions ci-dessus spécifiées (1) ou les auront placés sous la conduite de vagabonds. gens sans aveu ou faisant métier de la mendicité. seront punis des peines portées en l'article 1er. La même peine sera applicable à quiconque aura déterminé des enfants âgés de moins de seize ans à quitter le domicile de leurs parents. pour suivre les individus des professions sus-désignées. La condamnation entraînera de plein droit pour les tuteurs la destitution de la tutelle. les père et mère pourront être privés des droits de la puissance paternelle.

Art. 3.— Quiconque emploiera des enfants âgés de moins de seize

(1) Art. 1 de la loi du 7 décembre 1874.

ans à la mendicité habituelle, soit ouvertement soit sous l'apparence d'une profession, sera considéré comme auteur ou complice du délit de mendicité en réunion prévu par l'article 276 du Code Pénal, et sera puni des peines portées au dit article. Dans le cas où le délit aurait été commis par les père et mère ou tuteurs, ils pourront être privés des droits de la puissance paternelle ou être destitués de la tutelle.

Grâce à son article 2, la loi atteint *le trafic* des enfants, *leur abandon, leur excitation* à la mendicité ; par son article 3 elle prohibe la *mendicité manifeste ou déguisée* du mineur de seize ans, encore qu'elle soit le *fait des parents* ; *institue un délit nouveau* puni de peines *correctionnelles* aggravées, *pour les parents, de la déchéance de la puissance paternelle, pour les tuteurs de la* destitution *de leur charge.*

Le trafic des mineurs de seize ans visé par l'article 2, n'est évidemment pas celui qu'on peut reprocher aux civilisations anciennes, c'est-à-dire l'aliénation ou la vente que l'exagération des droits de puissance paternelle avaient consacré à Athènes et même à Rome, avant que la loi Julia et plus tard les édits des empereurs chrétiens vinssent les proscrire ; ni même le servage plus adouci auquel le moyen âge soumettait les enfants que les parents pauvres engageaient à leurs créanciers ou à leurs seigneurs hauts justiciers ;nos mœurs et nos lois l'ont banni dès longtemps.

Mais, disent MM. Nusse et Périn, commentateurs de la loi du 7 décembre 1874, (1) « à côté de la théorie antique qui voit dans la filiation une servitude, il s'en était élevé une autre, adoucie déjà, faisant porter la maîtrise non sur la personne mais sur le travail, considérant l'enfant comme un instrument de produit aux mains du père de famille ou de son cessionnaire, autorisant l'aliénation indéfinie des gains et lucres à tirer de cet instrument. »

(1) Commentaire de la loi du 7 décembre 1874. Marchal Billard et Cie, 1878.

On ne vendait plus l'enfant, on vendait l'apprenti. c'est-à-dire son *travail.*

Ainsi, l'enfant échappant à la douce autorité du père de famille. passait aux mains d'un maître sans affection. quelquefois sans pudeur, dont le premier souci était d'en tirer profit coûte que coûte. C'était mettre à la disposition des bateleurs de tout genre, des mendiants déguisés en artistes de la rue, les mineurs de seize ans au détriment de leur intérêt, de leur moralité, disons-le aussi. de l'ordre social.

Voilà ce que l'article 2 de la loi du 7 décembre 1874 a voulu réprimer.

Sans doute auparavant, le louage des services du mineur pouvait être déclaré illicite et comme tel annulé par les tribunaux civils, mais trop rarement, car sous prétexte d'apprentissage et avec quelque habileté, les exploiteurs d'enfants échappaient aux sévérités du Code Civil.

Depuis la loi de 1874 au contraire. plus de doute, tout traité écrit ou verbal, tout engagement gratuit ou salarié des mineurs de seize ans, par les père. mère et tuteurs à des acrobates, saltimbanques. charlatans, montreurs d'animaux. directeurs de cirque. vagabonds. gens sans aveu ou mendiants d'habitude, est déclaré illicite de plein droit et comme tel réputé nul en cas de livraison effective de l'enfant. L'exception devient une règle générale et absolue. L'intérêt de pareils contrats disparaît ; puisque toute action en justice est refusée pour en connaître. Il y a plus encore. des peines correctionnelles les répriment ; les père. mère et tuteurs encourrent la déchéance de leurs droits sur le mineur. Ainsi la sanction pénale vient corroborer une sanction civile devenue plus stricte.

Même ceux qui. sans livrer l'enfant ou en prendre livraison l'auront déterminé à quitter le domicile paternel. disons le mot. les *racoleurs* sont atteints par les sévérités de l'article 2 de la loi du 7 décembre 1874.

De la sorte, le mineur de seize ans reçoit une protection efficace dans tous les cas prévus.

Est-ce à dire que la loi soit parfaite, qu'elle n'offre pas de lacunes ? Non, Messieurs, et nous aurons à vous proposer quelques additions que l'expérience paraît avoir rendues nécessaires.

L'article 3 de la loi du 7 décembre 1874 rentre mieux encore dans le cadre de notre étude ; car, si l'article 2 réprime tous les faits et actes pouvant amener, déterminer ou favoriser la mendicité des mineurs de seize ans, l'article 3 atteint l'acte même de mendicité qu'ils auront causé.

Si les racoleurs, les traitants faisant métier de mendicité ont échappé au moment de la prise de possession des mineurs de seize ans aux rigueurs de l'article 2, ils n'évitent pas celles de l'article 3 lorsqu'ils réalisent avec les enfants le but qu'ils ont poursuivi en se les attachant.

Les trois innovations essentielles de ce dernier article sont les suivantes :

1° Répression de la mendicité habituelle du mineur provenant du fait d'autrui, en la personne du majeur déclaré responsable et puni des peines plus sévères de l'art. 276 du Code pénal, au lieu de celles moins rigoureuses de l'art. 274 du même code ;

2° Répression de cette mendicité encore que déguisée sous l'apparence d'un métier ;

3° Répression de la mendicité du mineur de seize ans avec ses père et mère, légalement admise jusque-là par l'article 276 du Code pénal.

Ces dispositions nouvelles sont assez explicites pour se passer de commentaires.

Il est bon toutefois de faire une remarque. Les majeurs peuvent se livrer avec des mineurs à certaines professions ambulantes, si d'ailleurs ils ne se trouvent pas dans la catégorie des personnes énumérées à l'article 1er de la loi du 7 décembre 1874 ; tels les chaudronniers, étameurs, marchands, colporteurs.

De même les enfants peuvent exercer de leur chef un état ambulant. Le législateur n'a pas voulu dépasser un juste but de protection et a établi une énumération limitative des métiers prohibés par lui.

Avant d'étudier les projets de réformes que nous soumettrons à votre examen, jetons un regard sur les législations étrangères.

La protection des enfants est toute moderne. Elle est en quelque sorte née en Allemagne, pays d'émigration.

Les nomades y doivent laisser les enfants dans les familles sédentaires pour qu'ils puissent fréquenter régulièrement l'école. De nombreuses prescriptions interdisent aux enfants le vagabondage et la mendicité ; ils ne peuvent voyager avec des danseurs de corde (31 mai 1827) ; des comédiens (29 février 1834) ; des aveugles (18 juillet 1836) : avec des musiciens (30-mai, 21 novembre 1839).

L'article 235 du Code pénal de la Confédération du Nord punit même de la réclusion, le fait d'enlever un mineur de ses père et mère ou tuteur dans l'intention de se servir de sa personne pour mendier. Disposition éminemment sage que notre législation s'est appropriée.

D'autres lois exécutoires dans l'empire allemand, votées par le Reischtag les 5 juillet 1875 et 13 mars 1878, créent un régime d'éducation forcée pour les enfants délaissés qui peut être appliqué aux mineurs mendiants.

L'Italie, pays d'émigration par excellence, ne s'est pourtant guère occupé que très tard des enfants mineurs. Une loi du 25 mai 1865 défend à ceux exerçant une profession ambulante, de garder auprès d'eux des mineurs de 18 ans, sans un consentement écrit des parents ou tuteurs, contresigné par le bureau de la sécurité publique.

La loi du 21 décembre 1873 édicte des dispositions plus complètes qu'il est inutile d'énumérer, puisqu'elles ont servi de type à notre loi du 7 décembre 1874.

La Suisse, par une loi fédérale du 3 décembre 1850, interdit aux gens exerçant un métier ambulant de vaguer avec des enfants soumis à l'obligation scolaire.

Mais le canton du Tessin paraît le premier réprimer directement la mendicité des mineurs, en punissant de prison, dans son code pénal du 25 janvier 1873, les parents et curateurs abandonnant leurs fils ou pupilles à l'oisiveté, à la mendicité, au vagabondage, ou les livrant dans ce but à de tierces personnes.

Ces sages dispositions, on l'a vu, ont passé dans notre législation.

La loi anglaise de Georges IV, c. 31, § 21, amendée par un acte de 1871, punit le détournement avec violence ou dol des mineurs de 10 ans ou leur recelé ; mais les parents peuvent consentir toute espèce de baux sur les services de leurs enfants.

Aussi, l'industrie des chefs de bande y est-elle florissante, disent MM. Nusse et Perin (1) ; l'un d'eux, il Cieco, a réalisé une fortune de deux cent mille francs.

Toutefois, en ce qui concerne la mendicité, de grandes réformes pratiques ont été opérées depuis une série de lois datant de 1854, 1857, 1866 et 1872, par la création d'écoles industrielles et de réformation, que soutiennent les unions des paroisses et des districts. Tout enfant de moins de 14 ans « délaissé, mendiant ou recevant l'aumône ouvertement », peut y être interné sur l'ordre du juge, auquel tout citoyen a le droit de déférer le délinquant. Les plus célèbres de ces établissements sont ceux de Middlessex, de Read-Hill, de Vendworth.

Aux États-Unis d'Amérique, une première loi du

(1) Commentaire précité de la loi du 7 décembre 1874.

12 avril 1853 concernant l'Etat de New-York, autorise les citoyens à s'emparer des enfants « de 5 à 14 ans, oisifs, vagabonds ou mendiants, en état de fréquenter une école », à les conduire devant le magistrat qui a le pouvoir de les envoyer dans une maison de réforme si les parents n'offrent pas des garanties en vue de leur amendement, par une éducation sévère.

On doit à cette loi la création du célèbre Juvenile Asylum de New-York, à la fois école de préservation et de réforme.

L'Etat de Massachusetts, de 1846 à 1866, établit aussi des écoles industrielles et correctionnelles, offrant cette particularité que les enfants coupables de délits mais non vicieux, peuvent y être immatriculés tout en demeurant au sein de leur famille sous un contrôle d'Etat assurant à la fois la réformation du pupille au foyer paternel et l'économie pour le Trésor de frais relatifs à une éducation dont bien des parents cupides se déchargeraient volontiers.

Ce système, dénommé sentence d'épreuve (a sentence of probation), est excellent, dit M. Gerville-Réache (1), « car, il a prouvé que l'individualisation au sein de la famille, sous le regard de l'autorité, est plus efficace encore que la maison de réforme ».

Un acte de 1876, applicable à tous les Etats Unis, s'est inspiré de notre loi française, en punissant de prison tous ceux qui emploient les mineurs à des exercices d'acrobatie, à des métiers obscènes, ou qui les font mendier et colporter par les rues.

La Belgique institue, avec la loi du 3 avril 1848, des écoles de réforme. Les plus célèbres sont celles de Beernem, de Ruysselède et de Wynghène.

Une loi de ce pays votée le 6 mars 1866 affranchit les mineurs de moins de 14 ans mendiants, de toute peine

(1) Rapport à la Chambre des Députés, [illegible]

d'emprisonnement, les destinant à une éducation forcée dans des établissements de bienfaisance ou de réforme.

La Hollande a aussi ses maisons de réforme avec une population florissante. Almik el Risseelt sont les plus renommées.

Ainsi la plupart des nations nous ont devancé ou suivi, et sont aujourd'hui pourvues par leur législation d'institutions qui contribuent puissamment à obvier à la mendicité de l'enfance.

Revenons à la France, et demandons-nous si la loi de 1874 suffit à remplir le but qu'elle a poursuivi, s'il n'est pas des additions ou même des aggravations à y apporter ; s'il n'est pas aussi nécessaire de recourir à des innovations utiles par la création d'écoles de préservation et de réforme.

Nous abordons ainsi la dernière partie de cette étude, relative aux moyens propres à réprimer plus efficacement la mendicité des mineurs de seize ans.

Certes, la loi du 7 décembre 1874 est excellente ; mais elle offre quelques lacunes ; l'expérience du passé et l'étude des législations et des institutions voisines permettent de préconiser les mesures destinées à les combler.

Les articles 2 et 3 de la loi de 1874 édictent bien des pénalités contre les père, mère, tuteurs ou patrons ayant livré les mineurs aux individus exerçant les professions spécifiées en l'article 1er, ou les ayant placés sous la conduite de vagabonds, gens sans aveu ou faisant métier de la mendicité : ils décrètent bien les déchéances de puissance paternelle ou de tutelle contre les père, mère ou tuteurs, coupables des délits prévus par eux, mais ils sont muets en ce qui concerne les autres ascendants du mineur.

On a donné comme raison de l'exemption des ascendants, qu'ils ne trahissent jamais (à moins d'être tuteurs et dès lors atteints par la loi en cette qualité), un mandat positif de la loi, mais seulement leurs devoirs naturels.

Ce motif ne me paraît pas probant ; il ne satisfait ni

ma raison morale ni même ma raison juridique et est contraire au véritable esprit de la loi.

En effet, pourquoi ne pas assimiler aux père et mère les ascendants qui bien que n'exerçant pas actuellement la puissance paternelle, ont un droit futur mais acquis et certain aux prérogatives y attachées, tels que consentement à mariage, droit aux aliments, droit de visite, droit conféré par les art. 381 et 935 du Code civil, et sont appelés par la loi à une tutelle privilégiée? Il y a inégalité injustifiable, mieux encore injustice à ne pas établir comme corollaire d'avantages dérivant des droits de la puissance paternelle l'obligation d'accomplir les devoirs qu'elle impose.

L'ascendant jouit de l'autorité la plus sacrée, celle de chef de famille; il exerce cette influence mystérieuse qui vient du sang. Qu'il soit puni, s'il en mésuse et méconnaît le premier des devoirs de la paternité même médiate, le respect de l'enfant!

S'il est juste d'édicter la déchéance de puissance paternelle contre un ascendant ayant livré son petit-fils en vue de la mendicité, ou l'ayant placé sous la conduite de vagabonds, gens sans aveu ou adonnés à la mendicité, il est encore plus nécessaire de le frapper de cette peine spéciale en cas d'emploi direct du mineur à la mendicité ou de mauvais conseils l'ayant déterminé à quitter le foyer paternel pour suivre des mendiants. Car, dans le premier cas, la loi de 1874 ne punit que les père et mère ou tuteurs, dans le second cas au contraire elle étend ses sévérités à tous les *tiers* étrangers aux mineurs.

Une distinction dans les peines s'impose donc pour l'ascendant à raison de sa qualité, de ses droits, de ses prérogatives.

La loi ne pourra l'établir qu'en prononçant dans ces cas la déchéance des droits de puissance paternelle.

Emettons en conséquence le vœu que les mots « *et autres ascendants* » figurent dans les dispositions des articles 2 et 3 de la loi du 7 décembre 1874 relatives aux père et mère du mineur de seize ans.

D'ailleurs, l'assimilation complète des aïeuls et aïeules aux père et mère ne sera pas une innovation en droit pénal. La loi punit indistinctement des mêmes peines, sous la dénomination générique de crimes et délits commis par les ascendants (1), certains crimes accomplis sur la personne de l'enfant et certains délits commis à son encontre par ses différents auteurs dans les lignes de l'ascendance. D'autre part la loi du 24 juillet 1889, s'étend aux ascendants.

La loi du 7 décembre 1874 offre une autre lacune en ne prononçant pas la résolution de plein droit des contrats d'apprentissage formés en violation de ses dispositions.

Il s'en suit d'abord un défaut d'harmonie avec l'art. 15, parag. 3 de la loi du 4 mars 1851, relative au contrat d'apprentissage et qui en prononce la résolution de plein droit à raison de certaines infractions commises par les patrons, infractions touchant bien moins à l'intérêt particulier du mineur que le délit de mendicité.

Il en résulte ensuite une portée juridique moins grande. Car, la résolution de plein droit du contrat nettement affirmée donnerait une plus grande force à sa nullité ainsi édictée en vue d'en faire rétroagir les effets au jour même de sa passation.

Un vœu s'impose donc en faveur de cette addition nouvelle à l'article 3 de la loi du 7 décembre 1874.

L'article 3 punissant l'emploi des mineurs de 16 ans à la mendicité, ne fixe pas l'âge où cet emploi devient délictueux. C'est dire que les tribunaux ont un pouvoir souverain pour apprécier, suivant les circonstances, s'ils appliqueront les rigueurs de la loi. Aussi, trop souvent, surtout si l'enfant est très jeune, la justice écarte, plus particulièrement en ce qui concerne les père et mère, le délit spécial créé par la loi du 7 décembre 1874, pensant que la garde de

(1) Art. 333 et 380 du Code penal.

petits êtres s'impose à des parents malheureux : elle estime alors que ceux-ci sont contraints à les associer à leur vie misérable, que la mendicité du mineur doit se confondre avec celle de ses auteurs et ne pas entraîner soit une aggravation de la peine principale encourue pour mendicité simple, soit la peine spéciale de déchéance de puissance paternelle.

S'il convient de laisser aux tribunaux l'appréciation toujours délicate des faits et de ne pas établir législativement un âge au-dessous duquel la loi de 1874 cesserait d'être applicable, pour permettre la répression d'actes de mendicité commis même avec de très jeunes enfants, il paraît juste de recommander aux juges correctionnels l'application stricte de la loi de 1874 à tous les faits de mendicité accomplis avec des mineurs âgés de plus de six ans.

La loi du vingt-huit mars 1882, soumettant les enfants dès cet âge à l'obligation scolaire semble l'exiger, et il est nécessaire de se montrer toujours sévère pour ceux qui non contents de commettre un délit, violent la loi qui exige la présence du mineur à l'école sans demander d'ailleurs aucun sacrifice pécuniaire à ses père et mère.

L'application rigoureuse de la loi du 24 juillet 1889, relative à la protection des enfants moralement abandonnés, peut aider beaucoup à la répression de la mendicité chez les mineurs de seize ans, car là où le juge ne pourra établir chez les parents un délit habituel d'emploi du mineur à la mendicité, il pourra relever « un de ces actes d'inconduite notoire et scandaleuse compromettant la moralité de l'enfant. » Dès le premier acte de mendicité le mineur sera ainsi soustrait à la puissance de père et mère qui n'auront pu encore le gâter moralement.

L'application de la loi du 24 juillet 1889 préservera ainsi l'enfant encore plus efficacement que celle de la loi du 7 décembre 1874, et consacrera un état de choses qu'avait déjà prévu l'article 30 du nouveau Code Pénal Hollandais de 1881, prononçant la déchéance de puissance paternelle contre les parents ou tuteurs *associant le mineur à un délit quelconque.* « *aan eenig misdriff deelnemen.* »

Il ne suffit pas de compléter la loi de 1874, de rappeler les monuments de législation qui postérieurement ont étendu son champ d'action, il y a mieux encore, il faut l'appliquer.

Si la loi qui nous occupe n'a pas donné tous les résultats attendus, c'est qu'on ne l'utilise pas dans la pratique ; elle demeure lettre morte, et chose singulière à dire, il a fallu que la loi du 24 juillet 1889 organisât la déchéance de la puissance paternelle pour qu'on s'aperçût enfin utilement que cette déchéance n'était pas créée mais seulement réglementée et rappelée en même temps qu'une loi faisant partie depuis quinze ans de notre patrimoine législatif ! (1)

Les enfants mendiant seuls ou avec autrui sont rarement arrêtés : la police manque d'ordres et d'instructions. Aucun plan d'ensemble ne s'offre aux agents de l'autorité à tous les degrés. Appréhender un enfant ? mais on manque de locaux déterminés pour le recueillir même temporairement ! Statuer sur son sort ? mais où est l'asile qui convient, soit pour le préserver, soit pour le réformer.

Préserver, réformer, c'est encore une formule, celle d'un avenir que nous souhaitons prochain. C'est pourtant une nécessité pour l'enfance malheureuse ou coupable.

Nous arrivons ainsi à émettre le vœu principal de ce rapport : la création d'écoles de préservation et de réforme. Le plan de leur organisation échappe au cadre de notre étude. D'autres pourront le développer avec fruit. Bornons-nous à les indiquer comme un besoin, et félicitons les initiatives généreuses auxquelles la France doit sa première maison de ce genre, l'École Industrielle de réforme de la rue Clavel à Paris. Souhaitons que d'autres se créent à son exemple et donnent les brillants et féconds résultats qu'elle a produits.

(1) V. art. 2 de la loi du 24 juillet 1889.

L'institution de pareils établissements procurera de grands bienfaits tant aux mineurs qui y seront reçus qu'à la Société qui les y placera et recueillera la récompense et la rémunération de ses efforts bienveillants. Ces écoles pourront remplir des buts multiples, plus spécialement être agricoles, maritimes, forestières ou industrielles. et rendront à notre pays les services immenses dont ont profité plus particulièrement la Belgique, la Hollande, l'Angleterre et les États-Unis.

La rapide étude que nous en avons faite chez ces différentes nations nous les a montrées prospères, célèbres même.

Mais nous devons surtout admirer dans leur institution l'éducation réformatrice du mineur assurée bien que toute peine correctionnelle soit écartée.

Aussi, devons-nous souhaiter avec la création d'écoles de préservation et de réforme l'abrogation absolue du délit de mendicité chez le mineur de seize ans ; du moins, sa transformation, sa spécialisation avec exclusion de toute peine d'emprisonnement.

D'ailleurs, à quoi servirait d'établir la maison de réforme ou de préservation, si la prison pouvait demeurer le partage du jeune mendiant ?

Le moment est d'autant mieux choisi pour préconiser cette mesure que de bons et judicieux esprits (1), sentant bien que le délit de mendicité simple chez les majeurs, participe d'une nature exclusive et distincte, songent actuellement à le rayer de nos codes, à le convertir en simple contravention non plus punie d'emprisonnement, mais réprimée par des mois de travail qu'imposera le juge.

Si la loi doit s'adoucir pour les adultes, combien plus doit-elle fléchir pour l'enfant en butte, vous le savez, aux

(1) M. Georges Berry, député. Projet de loi sur la mendicité déposé le 16 janvier 1894.

tendances d'une nature faible, soumis à des influences extérieures multiples, ou victime d'excitations mauvaises ou d'abandons coupables!

Supprimer la peine pour le mineur de seize ans mendiant, tout en assurant son amendement, c'est pour le présent empêcher un découragement ou une démoralisation précoces, c'est pour l'avenir réhabiliter l'adolescence en faisant disparaître la flétrissure d'une condamnation et un casier judiciaire, obstacle invincible à tout engagement militaire d'abord et ensuite à tout établissement honorable.

L'enfant est-il mendiant à la suite d'abandon ou de misère? s'il n'est point vicieux, que la loi lui ouvre les portes de l'École industrielle de préservation comme en Angleterre, en Belgique, en Hollande, aux États Unis, lui assurant ainsi avec l'entretien une éducation paternelle. Qu'elle le laisse même au foyer de la famille, suspendant l'application d'une mesure de rigueur, si lui et les siens en sont dignes, suivant en cela l'exemple de l'État de Massachusetts. S'il récidive ou manifeste des tendances au vice, qu'elle lui impose la maison de réforme, mais qu'elle destine la prison aux seuls malfaiteurs.

Il faut corriger et réformer le jeune mendiant plutôt que le punir, surtout d'une peine insusceptible de contribuer à un amendement efficace.

Le législateur, adoptant ces principes, ne fera qu'appliquer à la mendicité, en la généralisant toutefois, la disposition de l'art. 271 du Code pénal relative au vagabondage des mineurs de seize ans.

Qu'on ne craigne pas une recrudescence de mendicité, calcul de parents pauvres ou cupides, en vue d'assurer à leurs enfants une éducation dont l'Etat ferait tous les frais. Le juge pourra déjouer ces projets ; la loi du 7 décembre 1874 armera son bras, comme aussi celle du 26 mars 1891, sur l'aggravation des peines d'une sanction plus efficace, permettant au magistrat, en cas de seconde infraction dans les cinq années du premier délit. de porter au double la condamnation précédemment prononcée.

D'ailleurs, serait-il vrai que quelques parents réussissent à se décharger du fardeau d'éducation qui leur incombe. félicitons-nous en néanmoins, dans l'intérêt de l'enfant, le seul que nous ayons en vue.

S'occuper des majeurs dans l'intérêt des mineurs. tel doit être aussi le but de la loi.

Si l'on ouvre aux mendiants infirmes la maison de secours, aux nécessiteux. armée des sans-ouvrage et des sans-abri, la maison de travail à l'instar des work-houses ou des poor-houses. si l'on institue efficacement l'assistance par le travail, le domicile de secours et si l'on adopte ces nombreux moyens préconisés par d'éminents publicistes (1) et de généreux philanthropes qui doivent distinguer une charité prudente et éclairée. le nombre des malheureux ira diminuant et bien des familles de mendiants honnêtes ne traîneront plus leur misère dans nos rues.

Les enfants seront les premiers à recueillir le bienfait de réformes qui leur sont en apparence étrangères. tandis que les vrais pauvres seront secourus : et que les exploiteurs de la crédulité publique. *les escroqueurs* déguisés en miséreux continueront à subir les rigueurs pénales en attendant d'être mûrs pour la relégation que leur réserve la loi du 27 mai 1885.

Punir chez les majeurs les actes de mendicité des mineurs de seize ans accomplis grâce à leur concours ; créer pour les petits mendiants des institutions protectrices ou réformatrices ; songer au soulagement du paupérisme dénaturé au profit de la *paupériculture* ; d'une façon générale. atteindre le mendiant qui. suivant l'expression heureuse d'Alphonse Karr « tue le pauvre ». c'est déjà bien. il y a pourtant mieux encore. empêcher la mendicité de se produire

(1) M. L. Paulian, *Paris qui mendie*, 1893.

en coupant court au mal d'une façon radicale. Comment, dira-t-on ? mais en supprimant l'aumône sur la voie publique, en se refusant à donner dans la rue, surtout aux enfants, ce *sou* qui entretient leur mendicité.

M. Paulian, dans son si instructif ouvrage : *Paris qui mendie*, estime, on l'a vu, que dix millions sont ravis annuellement aux vrais malheureux par les mendiants. Le jour où on ne fera plus la *charité* aux *petits pauvres*, ceux qui les envoient mendier renonceront à un trafic devenu sans objet et sans bénéfice : du moins le nombre des exploiteurs de *macchabées* sera bien diminué.

D'ailleurs, que les âmes sensibles se rassurent ! les recettes *blanches* n'attireront plus aux enfants ces mauvais traitements dont l'idée trop souvent détermine l'aumône que nous leur faisons.

Appréhendés par la police, les mineurs mendiants seront soustraits à tous mauvais traitements et la Justice pourra procéder, sur leurs indications, à l'arrestation de ceux qui en tirent profit. Ainsi, la loi du 7 décembre 1874 recevra une application efficace par le *concours intelligent* des personnes généreuses trop longtemps abusées !

Si nos vœux en vue de réformes législatives ne doivent pas recevoir de sanction immédiate ou même prochaine, il en est différemment des desiderata tenant à la pratique.

Souhaitons donc énergiquement que les parquets, et le nôtre, particulièrement, dont la sollicitude pour les mineurs de seize ans s'est déjà si souvent affirmée, donnent des instructions précises aux officiers de police judiciaire qui en relèvent à tous les degrés en vue de l'arrestation de tous les petits mendiants, et de tous ceux qui directement ou indirectement, coopèrent à leur mendicité.

Dira-t-on que ces mineurs ainsi arrêtés seront voués temporairement au moins à la prison parfois trop exiguë pour contenir les délinquants majeurs ? Je ne le crois pas : d'autres asiles peuvent s'ouvrir pour les abriter. Notre dépôt de mendicité aménagé pour recevoir de 700 à 800 pensionnaires n'en hospitalise guère en moyenne que 80. N'y trouverait-on pas, après entente avec l'Administration préfectorale, des locaux qui pourraient être disposés pour recevoir les mineurs arrêtés ? On les y occuperait, on les y instruirait, avant que le Tribunal appelé à statuer sur leur sort ne les rendît à leurs parents ou ne les confiât, après avoir prononcé la déchéance de la puissance paternelle, conformément à la loi du 7 décembre 1874 ou à celle du 24 juillet 1889, à l'Assistance publique, à des institutions de bienfaisance, à des sociétés de patronage ou à des particuliers. Ce que nous disons du Dépôt de Mendicité des Bouches-du-Rhône est probablement vrai pour beaucoup d'autres.

C'est une idée que nous présentons, la jetant comme une semence dans le champ si vaste de la bienfaisance et des initiatives généreuses, souhaitant qu'elle germe et qu'elle fructifie.

Espérons qu'on étudiera, qu'on mûrira le projet que nous indiquons et qu'on l'appliquera, sans grandes difficultés à notre avis.

Nous avons préconisé l'action directe et énergique des parquets. Allons plus loin : émettons le vœu que tous les bons citoyens se mettent à l'œuvre et qu'usant du droit conféré à quiconque est témoin d'un flagrant délit, ils arrêtent les enfants trouvés mendiant, les dénoncent tout au moins aux agents de l'autorité, imitant en cela l'exemple des Anglais et des Américains

Grâce à ces mesures efficaces, au concours de ces forces nombreuses, combinées en vue du but à atteindre, on peut espérer, même en l'état actuel de notre législation, une atténuation notable à cette plaie si triste de la mendicité des mineurs de seize ans.

Outre les vœux qui sont indiqués dans ce rapport et qui n'appellent pas la sanction du législateur, je vous invite à adopter les textes suivants :

Art. 2 (nouveau) de la loi du 7 décembre 1874.

« 1er PARAGRAPHE (nouveau). — Les père et mère et « autres ascendants, tuteurs ou patrons, qui auront livré, « soit gratuitement, soit à prix d'argent, leurs enfants, « descendants, pupilles ou apprentis âgés de moins de seize « ans, aux individus exerçant les professions ci-dessus « spécifiées ou qui les auront placés sous la conduite de « vagabonds, de gens sans aveu ou faisant métier de la « mendicité seront punis des peines portées en l'art. 1er.

« 2me PARAGRAPHE (maintenu).

« 3me PARAGRAPHE (nouveau). — La condamnation en« traînera de plein droit pour les tuteurs la destitution de « la tutelle ; les père, mère et autres ascendants pourront « être privés soit actuellement soit pour l'avenir de la puis« sance paternelle, ensemble de tous les droits qui s'y rat« tachent, à l'exception de ceux résultant des art. 205, 206 « et 207 du Code civil.

« 4me PARAGRAPHE (nouveau).

« Tout traité consenti ou acte fait en violation des dis« positions du premier paragraphe du présent article sera « réputé nul et entraînera la résolution de plein droit « de tout contrat d'apprentissage.

Art. 3 (nouveau) de la loi du 7 décembre 1874.

« 1er PARAGRAPHE (maintenu).

« 2e PARAGRAPHE (nouveau). — Dans le cas où le délit « aura été commis par les père, mère, autres ascendants ou « tuteurs, ils pourront être privés de la puissance paternelle « et des droits et prérogatives qui s'y rattachent, ainsi qu'il « est dit en l'article précédent, ou être destitués de la tu« telle. »

PROJET DE LOI

Les articles 274 et suivants du Code pénal relatifs à la mendicité ne seront jamais applicables aux mineurs de seize ans.

Les mineurs de seize ans traduits en justice pour une première infraction seront, en cas de conviction, renvoyés pendant un temps qui n'excèdera pas un an soit dans une école de préservation, soit dans une école de réforme à ce instituées.

En cas de seconde infraction, les mineurs de seize ans seront renvoyés dans une école de réforme pendant un temps qui n'excèdera pas trois années.

En cas de troisième infraction, les mineurs de seize ans seront renvoyés dans une école de réforme, jusqu'à l'âge de vingt-un ans révolus, s'ils n'ont contracté, auparavant, un engagement dans les armées de terre ou de mer.

Les Tribunaux pourront, en cas de première infraction, ordonner qu'il soit sursis à l'entrée du mineur de seize ans dans l'école de préservation ou de réforme si les parents ou tuteur du mineur, étrangers d'ailleurs à son délit, offrent des garanties sérieuses en vue de son éducation, ou si une Société de Bienfaisance ou de patronage autorisée à cet effet, ou encore les personnes et établissements indiqués par les art. 11 et 13 de la loi du 24 juillet 1889, réclament le dit mineur.

www.ingramcontent.com/pod-product-compliance
Lightning Source LLC
LaVergne TN
LVHW050506160826
845677LV00003B/971